Learning Math by Doing Math

MATH: **ALGEBRA**

PRACTICE WORKSHEETS

WITH ANSWERS

This series of books, is to help the user enhance his/her skills in the area of Mathematics. The best way to learn is by doing something repeatedly. Use the enclosed worksheets to increase algebra skills.

By L. Freeman

Educators and teachers are granted permission to photocopy the designed reproducible page from this for classroom use only. Reproduction of these materials for an entire school or district is prohibited. No other part of this book may be reproduced in whole or in part (except as noted above), or stored in in a retrieval system, or transmitted in any form or by any means, electronic, photocopying, or otherwise, with the express written permission of the publisher.

© 2018 by Primarily Web LLC | All rights reserved. | Printed in U.S.A. | ISBN: 978-1726323406

Name: Date:

Math Challenge: Algebra

Complete the Activity.

① $z + 2 = 6$ _____ ② $z + 8 = 17$ _____

③ $8 + y = 15$ _____ ④ $3 + z = 11$ _____

⑤ $z + 2 = 11$ _____ ⑥ $z + 4 = 11$ _____

⑦ $6 + z = 9$ _____ ⑧ $z - 2 = 3$ _____

⑨ $y - 9 = -7$ _____ ⑩ $2 - z = -1$ _____

www.primarilyWeb.com - Learning Math by Do Math   Score:

Name: _____ Date: _____

Math Challenge: Algebra
Complete the Activity.

① $z + 2 = 6$ $z = 4$ ② $z + 8 = 17$ $z = 9$

③ $8 + y = 15$ $y = 7$ ④ $3 + z = 11$ $z = 8$

⑤ $z + 2 = 11$ $z = 9$ ⑥ $z + 4 = 11$ $z = 7$

⑦ $6 + z = 9$ $z = 3$ ⑧ $z - 2 = 3$ $z = 5$

⑨ $y - 9 = -7$ $y = 2$ ⑩ $2 - z = -1$ $z = 3$

www.primarilyWeb.com - Learning Math by Do Math   Score:

EQUATIONS

Name: _____ Date: _____

Math Challenge: Algebra

Complete the Activity.

1. $9 - x = 5$ _____
2. $y - 4 = 4$ _____

3. $x + 5 = 9$ _____
4. $y - 2 = 3$ _____

5. $3 - x = -5$ _____
6. $7 + x = 11$ _____

7. $z - 8 = -6$ _____
8. $6 + x = 13$ _____

9. $x - 3 = 1$ _____
10. $2 - x = -4$ _____

Name: _____ Date: _____

Math Challenge: Algebra

Complete the Activity.

① $9 + y = 13$ _____   ② $5 - y = -4$ _____

③ $y - 6 = -2$ _____   ④ $7 + x = 11$ _____

⑤ $y + 7 = 11$ _____   ⑥ $9 + x = 15$ _____

⑦ $y + 5 = 14$ _____   ⑧ $z + 7 = 12$ _____

⑨ $x - 7 = -1$ _____   ⑩ $y + 9 = 12$ _____

www.primarilyWeb.com - Learning Math by Do Math   Score:

Name: _____ Date: _____

Math Challenge: Algebra

Complete the Activity.

① $y + 8 = 12$ _____ ② $y + 7 = 10$ _____

③ $z + 7 = 16$ _____ ④ $7 - y = -2$ _____

⑤ $6 - x = 3$ _____ ⑥ $z + 4 = 12$ _____

⑦ $x + 9 = 13$ _____ ⑧ $z - 4 = -1$ _____

⑨ $2 + x = 7$ _____ ⑩ $5 + x = 13$ _____

Score:

Name: _____ Date: _____

Math Challenge: Algebra

Complete the Activity.

① $z - 5 = -1$ _____ ② $z - 4 = 5$ _____

③ $8 + z = 12$ _____ ④ $y - 7 = 2$ _____

⑤ $z + 9 = 16$ _____ ⑥ $5 - z = -2$ _____

⑦ $9 - z = 6$ _____ ⑧ $y - 5 = 4$ _____

⑨ $x + 6 = 14$ _____ ⑩ $y - 5 = 3$ _____

Score: _____

Name: _____ Date: _____

Math Challenge: Algebra

Complete the Activity.

1. $7 - x = 4$ _____ 2. $x + 9 = 13$ _____

3. $8 + y = 14$ _____ 4. $y + 9 = 17$ _____

5. $z - 2 = 4$ _____ 6. $y - 7 = -3$ _____

7. $9 + x = 12$ _____ 8. $3 + x = 10$ _____

9. $y + 7 = 9$ _____ 10. $9 - y = 6$ _____

Score:

Name: _____ Date: _____

Math Challenge: Algebra

Complete the Activity.

① $y + 6 = 11$ _____   ② $2 - x = -2$ _____

③ $7 - x = -1$ _____   ④ $7 + y = 9$ _____

⑤ $y + 3 = 8$ _____   ⑥ $4 + z = 11$ _____

⑦ $x + 2 = 5$ _____   ⑧ $8 + y = 11$ _____

⑨ $z - 4 = 3$ _____   ⑩ $y - 4 = 2$ _____

Score:

Name: _____ Date: _____

Math Challenge: Algebra

Complete the Activity.

① $x - 3 = 4$ _____ ② $4 + y = 10$ _____

③ $9 - x = 5$ _____ ④ $y - 3 = 6$ _____

⑤ $5 + x = 9$ _____ ⑥ $z + 3 = 11$ _____

⑦ $x - 8 = -2$ _____ ⑧ $6 + z = 11$ _____

⑨ $z - 3 = 1$ _____ ⑩ $4 - z = -2$ _____

www.primarilyWeb.com - Learning Math by Do Math   Score:

Name: _____ Date: _____

Math Challenge: Algebra

Complete the Activity.

1. $z + 2 = 9$ _____
2. $2 + z = 7$ _____

3. $z + 8 = 15$ _____
4. $x + 8 = 12$ _____

5. $z - 8 = -5$ _____
6. $z + 3 = 5$ _____

7. $8 - y = 3$ _____
8. $6 + z = 9$ _____

9. $4 + z = 11$ _____
10. $x - 9 = -5$ _____

www.primarilyWeb.com - Learning Math by Do Math   Score: _____

Name: _____ Date: _____

Math Challenge: Algebra

Complete the Activity.

1. $3 - z = 1$ _____
2. $x - 4 = 3$ _____

3. $z + 9 = 16$ _____
4. $z - 7 = -2$ _____

5. $5 - y = 3$ _____
6. $z - 7 = -2$ _____

7. $x - 6 = -1$ _____
8. $z + 8 = 11$ _____

9. $8 + y = 15$ _____
10. $x + 6 = 13$ _____

Score: _____

Name: _____ Date: _____

Math Challenge: Algebra

Complete the Activity.

1. $7 + x = 13$ _____
2. $6 - y = -1$ _____

3. $4 - y = 2$ _____
4. $x - 3 = 3$ _____

5. $2 - x = -5$ _____
6. $x + 8 = 14$ _____

7. $4 - z = -5$ _____
8. $3 - y = -3$ _____

9. $x + 2 = 9$ _____
10. $x + 9 = 14$ _____

Score: _____

Name: _____ Date: _____

Math Challenge: Algebra

Complete the Activity.

① $y - 3 = 1$ _____ ② $y - 7 = -3$ _____

③ $2 - z = -2$ _____ ④ $y + 3 = 10$ _____

⑤ $8 + y = 15$ _____ ⑥ $z - 7 = -2$ _____

⑦ $3 - y = -6$ _____ ⑧ $3 - x = -2$ _____

⑨ $y - 2 = 1$ _____ ⑩ $z - 8 = 1$ _____

www.primarilyWeb.com - Learning Math by Do Math   Score:

Name: _____   Date: _____

Math Challenge: Algebra

Complete the Activity.

1. $9 - y = 1$ _____
2. $9 + z = 17$ _____

3. $4 - z = 2$ _____
4. $8 + y = 14$ _____

5. $x - 6 = -1$ _____
6. $y - 6 = -2$ _____

7. $2 + z = 5$ _____
8. $z - 5 = 3$ _____

9. $2 + y = 11$ _____
10. $y - 6 = 3$ _____

Score: _____

Name: _____ Date: _____

Math Challenge: Algebra

Complete the Activity.

① $y + 6 = 11$ _____   ② $2 - x = -5$ _____

③ $3 - y = -1$ _____   ④ $z + 3 = 11$ _____

⑤ $4 + x = 11$ _____   ⑥ $4 - x = 2$ _____

⑦ $y + 4 = 6$ _____   ⑧ $x - 9 = -1$ _____

⑨ $z - 4 = 1$ _____   ⑩ $7 + z = 16$ _____

Score: _____

Name: _____ Date: _____

Math Challenge: Algebra

Complete the Activity.

① $6 + x = 11$ _____ ② $5 - y = -4$ _____

③ $3 - y = -3$ _____ ④ $4 + y = 7$ _____

⑤ $3 + z = 12$ _____ ⑥ $x + 9 = 11$ _____

⑦ $6 - x = 3$ _____ ⑧ $3 - y = -2$ _____

⑨ $9 + y = 11$ _____ ⑩ $9 + y = 11$ _____

Score:

Name: _____ Date: _____

Math Challenge: Algebra

Complete the Activity.

① $9 + y = 15$ _____ ② $2 + z = 10$ _____

③ $9 - y = 4$ _____ ④ $6 - z = -3$ _____

⑤ $6 - x = 4$ _____ ⑥ $9 - y = 1$ _____

⑦ $9 - z = 5$ _____ ⑧ $6 - y = 3$ _____

⑨ $x - 6 = -4$ _____ ⑩ $2 + y = 10$ _____

www.primarilyWeb.com - Learning Math by Do Math   Score:

Name: _____   Date: _____

Math Challenge: Algebra

Complete the Activity.

① $8 + y = 13$ _____   ② $6 + y = 13$ _____

③ $9 + x = 13$ _____   ④ $8 - z = 3$ _____

⑤ $z - 4 = 3$ _____   ⑥ $y - 5 = -2$ _____

⑦ $9 - x = 3$ _____   ⑧ $7 - x = 4$ _____

⑨ $y + 7 = 11$ _____   ⑩ $z - 8 = -2$ _____

Score: _____

Name: _____ Date: _____

Math Challenge: Algebra

Complete the Activity.

① $y - 8 = -3$ _____ ② $x + 2 = 6$ _____

③ $y + 8 = 11$ _____ ④ $y + 6 = 9$ _____

⑤ $5 - x = 3$ _____ ⑥ $y - 2 = 2$ _____

⑦ $y + 4 = 11$ _____ ⑧ $y + 7 = 15$ _____

⑨ $z - 5 = 1$ _____ ⑩ $z + 5 = 8$ _____

Score: _____

Name: _____ Date: _____

Math Challenge: Algebra

Complete the Activity.

1. $z - 7 = -3$ _____
2. $3 + z = 5$ _____

3. $y - 4 = 4$ _____
4. $z + 5 = 14$ _____

5. $6 - y = -3$ _____
6. $z - 3 = 3$ _____

7. $z + 5 = 9$ _____
8. $y - 9 = -7$ _____

9. $8 - z = 1$ _____
10. $6 + z = 15$ _____

www.primarilyWeb.com - Learning Math by Do Math   Score:

Name: _____ Date: _____

Math Challenge: Algebra

Complete the Activity.

1. $9 + y = 14$ _____
2. $8 + x = 13$ _____

3. $7 - x = 3$ _____
4. $z - 8 = -6$ _____

5. $x - 4 = -2$ _____
6. $z - 9 = -1$ _____

7. $6 - z = 4$ _____
8. $z + 7 = 11$ _____

9. $x - 5 = -1$ _____
10. $z + 4 = 13$ _____

Score:

Name: Date:

Math Challenge: Algebra

Complete the Activity.

1) $3 - z = -4$ _____

2) $7 + x = 15$ _____

3) $8 + y = 13$ _____

4) $x + 5 = 14$ _____

5) $6 - z = -3$ _____

6) $2 + y = 11$ _____

7) $y - 2 = 7$ _____

8) $7 - x = 1$ _____

9) $x - 9 = -4$ _____

10) $2 - z = -2$ _____

Score:

Name: _____ Date: _____

Math Challenge: Algebra

Complete the Activity.

① $2 - y = -3$ _____   ② $y - 7 = -5$ _____

③ $6 + z = 15$ _____   ④ $9 + x = 13$ _____

⑤ $x + 2 = 11$ _____   ⑥ $6 - z = -3$ _____

⑦ $y + 9 = 14$ _____   ⑧ $9 - y = 7$ _____

⑨ $y + 7 = 9$ _____   ⑩ $y - 7 = -4$ _____

www.primarilyWeb.com - Learning Math by Do Math   Score:

Name: _____ Date: _____

Math Challenge: Algebra

Complete the Activity.

① $3 - z = -4$ _____   ② $x - 9 = -6$ _____

③ $7 - x = -1$ _____   ④ $5 + z = 9$ _____

⑤ $x + 7 = 9$ _____   ⑥ $3 + z = 11$ _____

⑦ $3 - z = -4$ _____   ⑧ $2 - x = -1$ _____

⑨ $3 - x = -3$ _____   ⑩ $8 - y = 6$ _____

www.primarilyWeb.com - Learning Math by Do Math   Score:

Name: _____ Date: _____

Math Challenge: Algebra

Complete the Activity.

① $y - 9 = -2$ _____ ② $y + 8 = 11$ _____

③ $2 - z = -7$ _____ ④ $x - 2 = 7$ _____

⑤ $6 + x = 11$ _____ ⑥ $4 - z = 1$ _____

⑦ $y - 2 = 1$ _____ ⑧ $7 + z = 10$ _____

⑨ $y + 4 = 9$ _____ ⑩ $y + 9 = 12$ _____

www.primarilyWeb.com - Learning Math by Do Math   Score:

Name: _____ Date: _____

Math Challenge: Algebra

Complete the Activity.

① $4 - y = -4$ _____   ② $y - 7 = 2$ _____

③ $8 + y = 15$ _____   ④ $y - 8 = -4$ _____

⑤ $2 + y = 6$ _____   ⑥ $6 + z = 10$ _____

⑦ $y + 4 = 7$ _____   ⑧ $x - 4 = -2$ _____

⑨ $x + 7 = 16$ _____   ⑩ $7 - z = -2$ _____

Score:

Math Challenge: Algebra

Complete the Activity.

1. $y - 7 = 2$ _____
2. $5 + z = 8$ _____

3. $y - 9 = -4$ _____
4. $4 - z = -5$ _____

5. $z + 6 = 11$ _____
6. $3 + z = 8$ _____

7. $3 - x = -1$ _____
8. $2 - z = -2$ _____

9. $6 + z = 14$ _____
10. $z + 4 = 12$ _____

SOLUTIONS

Name: _____ Date: _____

Math Challenge: Algebra

Complete the Activity.

① $9 - x = 5$ $x = 4$

② $y - 4 = 4$ $y = 8$

③ $x + 5 = 9$ $x = 4$

④ $y - 2 = 3$ $y = 5$

⑤ $3 - x = -5$ $x = 8$

⑥ $7 + x = 11$ $x = 4$

⑦ $z - 8 = -6$ $z = 2$

⑧ $6 + x = 13$ $x = 7$

⑨ $x - 3 = 1$ $x = 4$

⑩ $2 - x = -4$ $x = 6$

www.primarilyWeb.com - Learning Math by Do Math   Score: _____

Name: _____ Date: _____

Math Challenge: Algebra

Complete the Activity.

1) $9 + y = 13$ $y = 4$

2) $5 - y = -4$ $y = 9$

3) $y - 6 = -2$ $y = 4$

4) $7 + x = 11$ $x = 4$

5) $y + 7 = 11$ $y = 4$

6) $9 + x = 15$ $x = 6$

7) $y + 5 = 14$ $y = 9$

8) $z + 7 = 12$ $z = 5$

9) $x - 7 = -1$ $x = 6$

10) $y + 9 = 12$ $y = 3$

www.primarilyWeb.com - Learning Math by Do Math   Score:

Name: _____ Date: _____

Math Challenge: Algebra

Complete the Activity.

① $y + 8 = 12$ $y = 4$

② $y + 7 = 10$ $y = 3$

③ $z + 7 = 16$ $z = 9$

④ $7 - y = -2$ $y = 9$

⑤ $6 - x = 3$ $x = 3$

⑥ $z + 4 = 12$ $z = 8$

⑦ $x + 9 = 13$ $x = 4$

⑧ $z - 4 = -1$ $z = 3$

⑨ $2 + x = 7$ $x = 5$

⑩ $5 + x = 13$ $x = 8$

www.primarilyWeb.com - Learning Math by Do Math

Score:

Math Challenge: Algebra

Complete the Activity.

1. $z - 5 = -1$ $z = 4$
2. $z - 4 = 5$ $z = 9$
3. $8 + z = 12$ $z = 4$
4. $y - 7 = 2$ $y = 9$
5. $z + 9 = 16$ $z = 7$
6. $5 - z = -2$ $z = 7$
7. $9 - z = 6$ $z = 3$
8. $y - 5 = 4$ $y = 9$
9. $x + 6 = 14$ $x = 8$
10. $y - 5 = 3$ $y = 8$

Name: _____ Date: _____

Math Challenge: Algebra

Complete the Activity.

① $7 - x = 4$ $x = 3$

② $x + 9 = 13$ $x = 4$

③ $8 + y = 14$ $y = 6$

④ $y + 9 = 17$ $y = 8$

⑤ $z - 2 = 4$ $z = 6$

⑥ $y - 7 = -3$ $y = 4$

⑦ $9 + x = 12$ $x = 3$

⑧ $3 + x = 10$ $x = 7$

⑨ $y + 7 = 9$ $y = 2$

⑩ $9 - y = 6$ $y = 3$

Score: _____

Math Challenge: Algebra

Complete the Activity.

① $y + 6 = 11$ $y = 5$
② $2 - x = -2$ $x = 4$

③ $7 - x = -1$ $x = 8$
④ $7 + y = 9$ $y = 2$

⑤ $y + 3 = 8$ $y = 5$
⑥ $4 + z = 11$ $z = 7$

⑦ $x + 2 = 5$ $x = 3$
⑧ $8 + y = 11$ $y = 3$

⑨ $z - 4 = 3$ $z = 7$
⑩ $y - 4 = 2$ $y = 6$

Name: _____ Date: _____

Math Challenge: Algebra

Complete the Activity.

① $x - 3 = 4$ $x = 7$ ② $4 + y = 10$ $y = 6$

③ $9 - x = 5$ $x = 4$ ④ $y - 3 = 6$ $y = 9$

⑤ $5 + x = 9$ $x = 4$ ⑥ $z + 3 = 11$ $z = 8$

⑦ $x - 8 = -2$ $x = 6$ ⑧ $6 + z = 11$ $z = 5$

⑨ $z - 3 = 1$ $z = 4$ ⑩ $4 - z = -2$ $z = 6$

Score:

Name: Date:

Math Challenge: Algebra

Complete the Activity.

1. $z + 2 = 9$ $z = 7$

2. $2 + z = 7$ $z = 5$

3. $z + 8 = 15$ $z = 7$

4. $x + 8 = 12$ $x = 4$

5. $z - 8 = -5$ $z = 3$

6. $z + 3 = 5$ $z = 2$

7. $8 - y = 3$ $y = 5$

8. $6 + z = 9$ $z = 3$

9. $4 + z = 11$ $z = 7$

10. $x - 9 = -5$ $x = 4$

www.primarilyWeb.com - Learning Math by Do Math   Score:

Name: _____ Date: _____

Math Challenge: Algebra

Complete the Activity.

① $3 - z = 1$ $z = 2$ ② $x - 4 = 3$ $x = 7$

③ $z + 9 = 16$ $z = 7$ ④ $z - 7 = -2$ $z = 5$

⑤ $5 - y = 3$ $y = 2$ ⑥ $z - 7 = -2$ $z = 5$

⑦ $x - 6 = -1$ $x = 5$ ⑧ $z + 8 = 11$ $z = 3$

⑨ $8 + y = 15$ $y = 7$ ⑩ $x + 6 = 13$ $x = 7$

Score:

Name: _____ Date: _____

Math Challenge: Algebra

Complete the Activity.

① $7 + x = 13$ $x = 6$

② $6 - y = -1$ $y = 7$

③ $4 - y = 2$ $y = 2$

④ $x - 3 = 3$ $x = 6$

⑤ $2 - x = -5$ $x = 7$

⑥ $x + 8 = 14$ $x = 6$

⑦ $4 - z = -5$ $z = 9$

⑧ $3 - y = -3$ $y = 6$

⑨ $x + 2 = 9$ $x = 7$

⑩ $x + 9 = 14$ $x = 5$

www.primarilyWeb.com - Learning Math by Do Math   Score:

Name: _____ Date: _____

Math Challenge: Algebra

Complete the Activity.

① $y - 3 = 1$ $y = 4$

② $y - 7 = -3$ $y = 4$

③ $2 - z = -2$ $z = 4$

④ $y + 3 = 10$ $y = 7$

⑤ $8 + y = 15$ $y = 7$

⑥ $z - 7 = -2$ $z = 5$

⑦ $3 - y = -6$ $y = 9$

⑧ $3 - x = -2$ $x = 5$

⑨ $y - 2 = 1$ $y = 3$

⑩ $z - 8 = 1$ $z = 9$

www.primarilyWeb.com - Learning Math by Do Math   Score:

Name: Date:

Math Challenge: Algebra

Complete the Activity.

① $9 - y = 1$ $y = 8$ ② $9 + z = 17$ $z = 8$

③ $4 - z = 2$ $z = 2$ ④ $8 + y = 14$ $y = 6$

⑤ $x - 6 = -1$ $x = 5$ ⑥ $y - 6 = -2$ $y = 4$

⑦ $2 + z = 5$ $z = 3$ ⑧ $z - 5 = 3$ $z = 8$

⑨ $2 + y = 11$ $y = 9$ ⑩ $y - 6 = 3$ $y = 9$

www.primarilyWeb.com - Learning Math by Do Math   Score:

Name: _____ Date: _____

Math Challenge: Algebra

Complete the Activity.

1. $y + 6 = 11$ $y = 5$
2. $2 - x = -5$ $x = 7$

3. $3 - y = -1$ $y = 4$
4. $z + 3 = 11$ $z = 8$

5. $4 + x = 11$ $x = 7$
6. $4 - x = 2$ $x = 2$

7. $y + 4 = 6$ $y = 2$
8. $x - 9 = -1$ $x = 8$

9. $z - 4 = 1$ $z = 5$
10. $7 + z = 16$ $z = 9$

Score: _____

Math Challenge: Algebra

Complete the Activity.

1. $6 + x = 11$ $x = 5$
2. $5 - y = -4$ $y = 9$
3. $3 - y = -3$ $y = 6$
4. $4 + y = 7$ $y = 3$
5. $3 + z = 12$ $z = 9$
6. $x + 9 = 11$ $x = 2$
7. $6 - x = 3$ $x = 3$
8. $3 - y = -2$ $y = 5$
9. $9 + y = 11$ $y = 2$
10. $9 + y = 11$ $y = 2$

Name: Date:

Math Challenge: Algebra

Complete the Activity.

1. $9 + y = 15$ $y = 6$
2. $2 + z = 10$ $z = 8$
3. $9 - y = 4$ $y = 5$
4. $6 - z = -3$ $z = 9$
5. $6 - x = 4$ $x = 2$
6. $9 - y = 1$ $y = 8$
7. $9 - z = 5$ $z = 4$
8. $6 - y = 3$ $y = 3$
9. $x - 6 = -4$ $x = 2$
10. $2 + y = 10$ $y = 8$

www.primarilyWeb.com - Learning Math by Do Math   Score:

Name: _____ **Date:** _____

Math Challenge: Algebra

Complete the Activity.

① $8 + y = 13$ y = 5

② $6 + y = 13$ y = 7

③ $9 + x = 13$ x = 4

④ $8 - z = 3$ z = 5

⑤ $z - 4 = 3$ z = 7

⑥ $y - 5 = -2$ y = 3

⑦ $9 - x = 3$ x = 6

⑧ $7 - x = 4$ x = 3

⑨ $y + 7 = 11$ y = 4

⑩ $z - 8 = -2$ z = 6

www.primarilyWeb.com - Learning Math by Do Math   Score:

Name: Date:

Math Challenge: Algebra

Complete the Activity.

1. $y - 8 = -3$ $y = 5$
2. $x + 2 = 6$ $x = 4$

3. $y + 8 = 11$ $y = 3$
4. $y + 6 = 9$ $y = 3$

5. $5 - x = 3$ $x = 2$
6. $y - 2 = 2$ $y = 4$

7. $y + 4 = 11$ $y = 7$
8. $y + 7 = 15$ $y = 8$

9. $z - 5 = 1$ $z = 6$
10. $z + 5 = 8$ $z = 3$

www.primarilyWeb.com - Learning Math by Do Math   Score:

Math Challenge: Algebra

Complete the Activity.

1. $z - 7 = -3$ $z = 4$
2. $3 + z = 5$ $z = 2$
3. $y - 4 = 4$ $y = 8$
4. $z + 5 = 14$ $z = 9$
5. $6 - y = -3$ $y = 9$
6. $z - 3 = 3$ $z = 6$
7. $z + 5 = 9$ $z = 4$
8. $y - 9 = -7$ $y = 2$
9. $8 - z = 1$ $z = 7$
10. $6 + z = 15$ $z = 9$

Score:

Name: _____ Date: _____

Math Challenge: Algebra

Complete the Activity.

① $9 + y = 14$ $y = 5$

② $8 + x = 13$ $x = 5$

③ $7 - x = 3$ $x = 4$

④ $z - 8 = -6$ $z = 2$

⑤ $x - 4 = -2$ $x = 2$

⑥ $z - 9 = -1$ $z = 8$

⑦ $6 - z = 4$ $z = 2$

⑧ $z + 7 = 11$ $z = 4$

⑨ $x - 5 = -1$ $x = 4$

⑩ $z + 4 = 13$ $z = 9$

www.primarilyWeb.com - Learning Math by Do Math

Score:

Name: Date:

Math Challenge: Algebra

Complete the Activity.

1. $3 - z = -4$ $z = 7$
2. $7 + x = 15$ $x = 8$
3. $8 + y = 13$ $y = 5$
4. $x + 5 = 14$ $x = 9$
5. $6 - z = -3$ $z = 9$
6. $2 + y = 11$ $y = 9$
7. $y - 2 = 7$ $y = 9$
8. $7 - x = 1$ $x = 6$
9. $x - 9 = -4$ $x = 5$
10. $2 - z = -2$ $z = 4$

www.primarilyWeb.com - Learning Math by Do Math   Score:

Name: _____   Date: _____

Math Challenge: Algebra
Complete the Activity.

1. $2 - y = -3$ $y = 5$
2. $y - 7 = -5$ $y = 2$
3. $6 + z = 15$ $z = 9$
4. $9 + x = 13$ $x = 4$
5. $x + 2 = 11$ $x = 9$
6. $6 - z = -3$ $z = 9$
7. $y + 9 = 14$ $y = 5$
8. $9 - y = 7$ $y = 2$
9. $y + 7 = 9$ $y = 2$
10. $y - 7 = -4$ $y = 3$

www.primarilyWeb.com - Learning Math by Do Math   Score:

Name: _____ Date: _____

Math Challenge: Algebra

Complete the Activity.

① $3 - z = -4$ z = 7

② $x - 9 = -6$ x = 3

③ $7 - x = -1$ x = 8

④ $5 + z = 9$ z = 4

⑤ $x + 7 = 9$ x = 2

⑥ $3 + z = 11$ z = 8

⑦ $3 - z = -4$ z = 7

⑧ $2 - x = -1$ x = 3

⑨ $3 - x = -3$ x = 6

⑩ $8 - y = 6$ y = 2

Score:

Name: _____ Date: _____

Math Challenge: Algebra

Complete the Activity.

① $y - 9 = -2$ $y = 7$ ② $y + 8 = 11$ $y = 3$

③ $2 - z = -7$ $z = 9$ ④ $x - 2 = 7$ $x = 9$

⑤ $6 + x = 11$ $x = 5$ ⑥ $4 - z = 1$ $z = 3$

⑦ $y - 2 = 1$ $y = 3$ ⑧ $7 + z = 10$ $z = 3$

⑨ $y + 4 = 9$ $y = 5$ ⑩ $y + 9 = 12$ $y = 3$

www.primarilyWeb.com - Learning Math by Do Math   Score:

Math Challenge: Algebra

Complete the Activity.

① $4 - y = -4$ $y = 8$

② $y - 7 = 2$ $y = 9$

③ $8 + y = 15$ $y = 7$

④ $y - 8 = -4$ $y = 4$

⑤ $2 + y = 6$ $y = 4$

⑥ $6 + z = 10$ $z = 4$

⑦ $y + 4 = 7$ $y = 3$

⑧ $x - 4 = -2$ $x = 2$

⑨ $x + 7 = 16$ $x = 9$

⑩ $7 - z = -2$ $z = 9$

www.primarilyWeb.com - Learning Math by Do Math

Name: _____ Date: _____

Math Challenge: Algebra

Complete the Activity.

1. $y - 7 = 2$ $y = 9$
2. $5 + z = 8$ $z = 3$

3. $y - 9 = -4$ $y = 5$
4. $4 - z = -5$ $z = 9$

5. $z + 6 = 11$ $z = 5$
6. $3 + z = 8$ $z = 5$

7. $3 - x = -1$ $x = 4$
8. $2 - z = -2$ $z = 4$

9. $6 + z = 14$ $z = 8$
10. $z + 4 = 12$ $z = 8$

www.primarilyWeb.com - Learning Math by Do Math   Score:

GREAT JOB!

www.ingramcontent.com/pod-product-compliance
Lightning Source LLC
Chambersburg PA
CBHW062341220526
45469CB00008B/2800